中华人民共和国水利部

水利工程设计概（估）算
编 制 规 定
●环境保护工程●

水利部水利建设经济定额站　主编

U0364896

www.waterpub.com.cn

·北京·

图书在版编目（CIP）数据

　　水利工程设计概（估）算编制规定. 环境保护工程 /
水利部水利建设经济定额站主编. -- 北京 ： 中国水利水
电出版社，2025. 3. -- ISBN 978-7-5226-3319-0

　　Ⅰ. TV512

　　中国国家版本馆CIP数据核字第2025C0S408号

书　　名	**水利工程设计概（估）算编制规定　环境保护工程** SHUILI GONGCHENG SHEJI GAI（GU）SUAN BIANZHI GUIDING　HUANJING BAOHU GONGCHENG
作　　者	水利部水利建设经济定额站　主编
出版发行	中国水利水电出版社 （北京市海淀区玉渊潭南路 1 号 D 座　100038） 网址：www. waterpub. com. cn E - mail： sales@mwr. gov. cn 电话：（010）68545888（营销中心）
经　　售	北京科水图书销售有限公司 电话：（010）68545874、63202643 全国各地新华书店和相关出版物销售网点
排　　版	中国水利水电出版社微机排版中心
印　　刷	天津嘉恒印务有限公司
规　　格	140mm×203mm　32 开本　2.375 印张　60 千字
版　　次	2025 年 3 月第 1 版　2025 年 3 月第 1 次印刷
印　　数	00001—10000 册
定　　价	**30.00 元**

　　凡购买我社图书，如有缺页、倒页、脱页的，本社营销中心负责调换

水 利 部 文 件

水总〔2024〕323 号

水利部关于发布《水利工程设计概（估）算编制规定》及水利工程系列定额的通知

部直属各单位，各省、自治区、直辖市水利（水务）厅（局），各计划单列市水利（水务）局，新疆生产建设兵团水利局：

为进一步加强水利工程造价管理，完善定额体系，合理确定和有效控制工程投资，提高投资效益，支撑水利高质量发展，水利部水利建设经济定额站组织编制完成《水利工程设计概（估）算编制规定》及水利工程系列定额，已经我部审查批准，经商国家发展改革委，现予以发布，自 2025 年 4 月 1 日起执行。

本次发布的《水利工程设计概（估）算编制规定》包括工程部分概（估）算编制规定、环境保护工程概（估）算编制规定、水土保持工程概（估）算编制规定；

水利工程系列定额包括《水利建筑工程预算定额》《水利建筑工程概算定额》《水利设备安装工程预算定额》《水利设备安装工程概算定额》《水土保持工程概算定额》和《水利工程施工机械台时费定额》。

《中小型水利水电设备安装工程预算定额》《中小型水利水电设备安装工程概算定额》（水建〔1993〕63号）、《水利水电设备安装工程预算定额》《水利水电设备安装工程概算定额》（水建管〔1999〕523号）、《水利建筑工程预算定额》《水利建筑工程概算定额》《水利工程施工机械台时费定额》（水总〔2002〕116号）、《开发建设项目水土保持工程概（估）算编制规定》《水土保持生态建设工程概（估）算编制规定》《水土保持工程概算定额》（水总〔2003〕67号）、《水利工程概预算补充定额》（水总〔2005〕389号）、《水利水电工程环境保护概估算编制规程》（SL 359—2006）、《水利工程概预算补充定额（掘进机施工隧洞工程）》（水总〔2007〕118号）、《水利工程设计概（估）算编制规定（工程部分）》（水总〔2014〕429号）、《水利工程营业税改征增值税计价依据调整办法》（办水总〔2016〕132号）、《水利部办公厅关于调整水利工程计价依据增值税计算标准的通知》（办财务函〔2019〕448号）、《水利部办公厅关于调整水利工程计价依据安全生产措施费计算标准的通知》（办水总函〔2023〕38号）同时废止。

本次发布的概（估）算编制规定和系列定额由水利部水利建设经济定额站负责解释。在执行过程中如有问题请及时函告水利部水利建设经济定额站。

附件：1.《水利工程设计概（估）算编制规定》（工
　　　　程部分）
　　　2.《水利工程设计概（估）算编制规定》（环
　　　　境保护工程）
　　　3.《水利工程设计概（估）算编制规定》（水
　　　　土保持工程）
　　　4.《水利建筑工程预算定额》
　　　5.《水利建筑工程概算定额》
　　　6.《水利设备安装工程预算定额》
　　　7.《水利设备安装工程概算定额》
　　　8.《水土保持工程概算定额》
　　　9.《水利工程施工机械台时费定额》

中华人民共和国水利部

2024 年 12 月 9 日

主编单位　水利部水利建设经济定额站
参编单位　上海勘测设计研究院有限公司
　　　　　四川水发勘测设计研究有限公司
　　　　　中国电建集团北京勘测设计研究院有限公司
　　　　　新疆博衍水利水电环境科技有限公司
主　　编　史晓新　朱党生
副 主 编　赵　蓉　黄锦辉
编　　写　史晓新　赵　蓉　黄锦辉　谭奇林
　　　　　俞士敏　张　芃　曾怀金　张德敏
　　　　　施　蓓　史云鹏　张建永　李　扬
　　　　　董磊华　彭才喜　钟治国　郭颖暄
　　　　　易晓静　张秀菊　张　萍　张　鑫

目　　录

投资估算

总　　则

一、为完善水利工程基本建设投资管理体系，规范水利工程环境保护设计概（估）算文件编制，提高概（估）算文件编制质量，合理确定环境保护投资，根据《建筑安装工程费用项目组成》（住房和城乡建设部、财政部建标〔2013〕44 号）等有关规定，结合水利工程环境保护投资的特点和实施情况，在《水利水电工程环境保护概估算编制规程》（SL 359）的基础上，编制形成本规定。

二、本规定主要用于确定项目建议书、可行性研究、初步设计等工作阶段的水利工程环境保护投资，是编制和审批水利工程环境保护设计概（估）算的依据。

三、本规定适用于大型水利项目、中央直属水利项目的环境保护设计投资文件的编制，其他水利项目可参照执行。

四、环境保护设计概（估）算采用的价格水平应与工程部分保持一致。

五、环境保护设计概（估）算编制除符合本规定外，还应符合国家现行有关标准的规定。

六、本规定由水利部水利建设经济定额站负责管理和解释。

一 设计概算

第一章　编制原则和依据

第一节　编制原则

（1）环境保护投资是水利工程概算投资的组成部分，是专为环境保护目的建设的环境保护工程所需投资和监测、调查、补偿等其他环境保护费用。

（2）水利工程环境保护设计概算项目划分为环境保护措施投资、独立费用、基本预备费和环境影响补偿费四部分。具体划分如下：

环境保护设计概算
- 环境保护措施投资
  - 生态流量保障
  - 水环境保护
  - 生态环境保护
  - 大气环境保护
  - 声环境保护
  - 固体废物处置
  - 土壤环境保护
  - 景观保护
  - 人群健康保护
  - 建设征地与移民安置环境保护
  - 环境监测与生态调查
- 独立费用
  - 环境管理费
  - 环境监理费
  - 生产准备费
  - 环境影响评价费
  - 环境保护验收费
  - 科研勘测设计费
  - 其他
- 基本预备费
- 环境影响补偿费

（3）列入《水利工程设计概（估）算编制规定（工程部分）》项目划分中的工程部分且同时具有环境保护功能的项目，其投资应列入工程部分，不应在环境保护投资中重复计列。

（4）建设征地与移民安置涉及的水环境保护、大气环境保护、声环境保护、固体废物处置以及生态环境保护等环境保护项目，应列入环境保护措施投资中的建设征地与移民安置环境保护。列入《水利工程设计概（估）算编制规定（建设征地移民补偿）》项目划分中的建设征地移民补偿的环境保护项目，其投资列入建设征地移民补偿，不再计入本规定的建设征地与移民安置环境保护。

（5）水土保持工程投资不计入本规定的环境保护投资。

（6）环境保护设计概算应采用工程部分的人工单价、主要材料价格、施工机械台时费等基础单价计算工程单价，工程部分未包含的项目单价可参照国家及有关行业的相关规定确定。

（7）环境保护投资应计入水利工程的静态总投资。价差预备费和建设期融资利息由工程总投资概算计列，本规定的环境保护投资中不计列。

第二节　编　制　依　据

（1）国家和行业主管部门以及省（自治区、直辖市）颁发的有关法律、法规、技术标准。

（2）水利工程设计概（估）算编制规定。

（3）水利行业主管部门颁发的概算定额和有关行业主管部门颁发的定额。

（4）初步设计环境保护工程设计文件及图纸。

（5）有关合同协议。

（6）其他有关资料。

第二章 概算文件组成

第一节 编制说明

一、工程概况和环境保护设计概述

简述工程所在流域、水系及建设地点、内容和规模；工程布置型式，施工布置和工期；工程运行调度方式；建设征地与移民安置主要指标；环境保护设计范围、任务，主要环境保护措施、工程量和主要仪器设备数量等。

二、投资主要指标

列明环境保护措施费、独立费用、基本预备费、环境影响补偿费等各部分投资及环境保护投资占工程总投资的比例等。

三、编制原则和依据

说明环境保护投资编制原则和依据。

四、基础单价分析

说明人工预算，主要材料，施工用电、水、风以及砂石料、苗木、草、种子等基础单价的计算依据和成果。说明主要设备预算价格的编制依据。

五、单价分析

说明建筑工程单价、设备安装工程单价等工程单价及工程部分未包含的项目单价的编制依据和成果。

六、投资计算

说明各项费用的计算方法和标准。

七、其他

说明概算编制中其他需说明的问题。

第二节 概算表、概算附表及附件

一、概算表

（1）环境保护投资概算总表。
（2）各项环境保护措施投资概算表。
（3）独立费用概算表。
（4）分年度投资表。

二、概算附表

（1）建筑工程与植物工程主要单价汇总表。
（2）安装工程主要单价汇总表。
（3）监测调查主要单价汇总表。
（4）施工期设施运行与维护费汇总表。
（5）主要材料预算价格汇总表。
（6）施工机械台时费汇总表。
（7）主要工程量（工作量）汇总表。
（8）主要材料量汇总表。

三、概算附件

（1）人工预算单价计算表。

（2）主要材料预算价格计算表。

（3）混凝土材料单价计算表。

（4）主要工程单价表。

第三节　投资对比分析说明

应从国家政策性变化、设计方案变更调整、价格变动等方面进行分析，说明初步设计阶段与可行性研究阶段相比较的环境保护投资变化原因和结论，编写投资对比分析说明。本说明应包括以下附表：

（1）环境保护投资对比表。

（2）主要环境保护措施及工程量对比表。

（3）其他相关表格。

第三章　项　目　划　分

第一节　项　目　组　成

（1）水利工程环境保护项目应包括环境保护措施、独立费用和环境影响补偿费。

（2）环境保护措施包括生态流量保障、水环境保护、生态环境保护、大气环境保护、声环境保护、固体废物处置、土壤环境保护、景观保护、人群健康保护、建设征地与移民安置环境保护、环境监测与生态调查。

（3）环境保护措施项目划分应根据具体情况分别设置一级、二级或三级项目。编制概算时，对各项环境保护措施应根据工程实际情况选取第二节至第十一节项目划分表中的一级、二级或三级项目。项目划分表的二级、三级项目仅列示代表性子目，可根据工程实际情况进行调整。

（4）独立费用项目划分应根据具体情况分别设置一级、二级项目。环境保护科学研究试验费可根据需要列三级项目。

第二节　生　态　流　量　保　障

生态流量保障主要是指生态流量泄放设施，包括生态泄水洞（闸、渠）、生态放水管、泵站临时提水等运行期永久泄放设施和初期蓄水期临时泄放设施。生态流量保障项目划分见表3-1。

表 3-1　　　　　　　　生态流量保障项目划分表

序号	一级项目	二级项目	三级项目	技术经济指标
一	生态流量泄放			
1		生态泄水洞（闸、渠）		
			土方开挖	元/m^3
			石方开挖	元/m^3
			模板	元/m^2
			混凝土	元/m^3
			钢筋	元/t
			灌浆孔	元/m
			灌浆	元/m（m^2）
			排水孔	元/m
			砌石	元/m^3
			喷混凝土	元/m^3
			锚杆（索）	元/根
			启闭机室	元/m^2
			细部结构	元/m^3
			闸门设备及安装工程	元/t（m^2）
			启闭设备及安装工程	元/t（台）
			电气设备及安装工程	元/t（台）
			拦污设备及安装工程	元/t（台）
			施工安全生产	元/项
			……	
2		生态放水管		
			钢管	元/t
			闸阀	元/个（套）
3		泵站临时提水		

序号	一级项目	二级项目	三级项目	技术经济指标
			潜水泵	元/台
			管道	元/m（t）
			电气设备	元/项
			主体工程施工期设施运行与维护	元/月

第三节 水 环 境 保 护

水环境保护主要包括供水水质保护、工程影响水域水质保护、工程施工废污水处理、水温恢复及地下水保护。

一、供水水质保护

供水水质保护包括隔离防护与宣传警示、污水管网工程、污水处理工程、人工湿地、突发水污染应急处置措施等。

二、工程影响水域水质保护

工程影响水域水质保护包括取水口迁建、污水管网工程、污水处理工程、人工湿地等。工程影响水域包括下游影响区和受水区。

三、工程施工废污水处理

工程施工废污水处理包括砂石料加工废水处理、混凝土拌合系统废水处理、含油废水处理、基坑排水处理、隧洞排水处理、生活污水处理、疏浚排泥场排水处理、施工水域围挡等。

四、水温恢复

水温恢复包括分层取水设施与增温池等出库水温恢复措施。

五、地下水保护

地下水保护包括水井、蓄水池、供水管网等替代水源及应急供水等措施。

水环境保护项目划分见表 3-2。

表 3-2　　　　　　水环境保护项目划分表

序号	一级项目	二级项目	三级项目	技术经济指标
一	供水水质保护			
1		隔离防护与宣传警示		
			围栏	元/m
			植树	元/株
			种草	元/m²
			宣传牌	元/个
			警示牌	元/个
2		污水管网工程		元/km
3		污水处理工程		
			土方开挖	元/m³
			石方开挖	元/m³
			土石方回填	元/m³
			混凝土	元/m³
			钢筋	元/t
			设备及安装	元/t（台）
			施工安全生产	元/项

序号	一级项目	二级项目	三级项目	技术经济指标
			……	
4		人工湿地		
			土方开挖	元/m³
			土方回填	元/m³
			混凝土	元/m³
			钢筋	元/t
			水生植物	元/m²
			……	
5		突发水污染应急处置措施		
6		……		
二	工程影响水域水质保护			
1		取水口迁建		
			土方开挖	元/m³
			石方开挖	元/m³
			土石方回填	元/m³
			混凝土	元/m³
			砌石	元/m³
			钢筋	元/t
			设备及安装	元/t（台）
			供水管网	元/km
			施工安全生产	元/项
2		污水管网工程		元/km
3		污水处理工程		

序号	一级项目	二级项目	三级项目	技术经济指标
4		人工湿地		
5		……		
三	工程施工废污水处理			
1		砂石料加工废水处理		
			土方开挖	元/m³
			石方开挖	元/m³
			土石方回填	元/m³
			混凝土	元/m³
			砌石	元/m³
			钢筋	元/t
			设备及安装	元/t（台）
			辅助生产建筑	元/m²
			施工安全生产	元/项
			主体工程施工期设施运行与维护	元/月
2		混凝土拌合系统废水处理		
3		含油废水处理		三级项目可参照"砂石料加工废水处理"
4		基坑排水处理		
5		隧洞排水处理		
6		生活污水处理		
7		疏浚排泥场排水处理		

序号	一级项目	二级项目	三级项目	技术经济指标
8		施工水域围挡		元/m²
9		……		
四	水温恢复			
1		分层取水设施		三级项目可参照"生态泄水洞（闸、渠）"
2		增温池		
			土方开挖	元/m³
			石方开挖	元/m³
			土石方回填	元/m³
			混凝土	元/m³
			砌石	元/m³
			钢筋	元/t
			施工安全生产	元/项
3		……		
五	地下水保护			
1		水井		元/眼
2		蓄水池		
			土方开挖	元/m³
			石方开挖	元/m³
			土石方回填	元/m³
			混凝土	元/m³
			砌石	元/m³
			钢筋	元/t
			施工安全生产	元/项

序号	一级项目	二级项目	三级项目	技术经济指标
3		供水管网		元/km
4		应急供水		元/项
5		……		

第四节　生态环境保护

生态环境保护主要包括陆生植物保护、陆生动物保护、水生生态保护、库区消落带治理及湿地保护。

一、陆生植物保护

陆生植物保护包括就地保护、移栽、引种繁育等。

二、陆生动物保护

陆生动物保护包括动物通道、饮水池、食源地等栖息地保护措施与动物救护措施。

三、水生生态保护

水生生态保护包括栖息地保护与修复、过鱼措施、增殖放流、拦鱼、施工期应急救护等。

四、库区消落带治理

库区消落带治理包括工程措施与植物措施。

五、湿地保护

湿地保护包括工程措施与生物措施。

生态环境保护项目划分见表 3-3。

表 3-3　　　　　　生态环境保护项目划分表

序号	一级项目	二级项目	三级项目	技术经济指标
一	陆生植物保护			
1		就地保护		
			封育围栏	元/m
			警示牌	元/个
2		移栽		
			挖运	元/株
			整地	元/m^2
			栽植	元/株
3		引种繁育		
			采种	元/kg
			整地	元/m^2
			育苗	元/株
4		……		
二	陆生动物保护			
1		动物通道		
			土方开挖	元/m^3
			石方开挖	元/m^3
			土石方回填	元/m^3
			混凝土	元/m^3
			砌石	元/m^3
			施工安全生产	元/项
			……	
2		饮水池		
			土方开挖	元/m^3

序号	一级项目	二级项目	三级项目	技术经济指标
			石方开挖	元/m³
			土石方回填	元/m³
			混凝土	元/m³
			砌石	元/m³
			钢筋	元/t
			施工安全生产	元/项
3		食源地		元/处
4		救护站		元/m²
5		……		
三	水生生态保护			
1		栖息地保护与修复		
			警示牌	元/个
			土方开挖	元/m³
			土方回填	元/m³
			水生植物	元/m²
			底栖动物	元/kg
			人工鱼巢	元/个
			……	
2		过鱼设施		
			土方开挖	元/m³
			石方开挖	元/m³
			土石方回填	元/m³
			模板	元/m²
			混凝土	元/m³

序号	一级项目	二级项目	三级项目	技术经济指标
			钢筋	元/t
			灌浆孔	元/m
			灌浆	元/m（m²）
			砌石	元/m³
			锚杆（索）	元/根
			闸门设备及安装工程	元/t（m²）
			启闭设备及安装工程	元/t（台）
			电气设备及安装工程	元/t（台）
			拦污设备及安装工程	元/t（台）
			诱鱼设备及安装工程	元/台
			观测室	元/m²
			观测设备及安装工程	元/台
			运鱼设施	元/台（只）
			集鱼船	元/只
			施工安全生产	元/项
			主体工程施工期设施运行与维护	元/月
			……	
3		鱼类捕捞过坝		元/年
4		鱼类增殖站		
			土方开挖	元/m³

序号	一级项目	二级项目	三级项目	技术经济指标
			石方开挖	元/m³
			土石方回填	元/m³
			模板	元/m²
			混凝土	元/m³
			钢筋	元/t
			砌石	元/m³
			锚杆（索）	元/根
			厂房建筑	元/m²
			管理用房	元/m²
			给排水管道	元/km
			催产孵化设备及安装工程	元/套
			培育设备及安装工程	元/套
			养殖辅助设备及安装工程	元/套
			饲料加工设备及安装工程	元/套
			循环水处理设备及安装工程	元/套
			污水处理设备及安装工程	元/套
			电气设备及安装工程	元/套
			监控设备及安装工程	元/套
			实验仪器设备	元/套

序号	一级项目	二级项目	三级项目	技术经济指标
			办公设备	元/套
			道路	元/km
			绿化	元/m²
			施工安全生产	元/项
			主体工程施工期设施运行与维护	元/月
			……	
5		水生生物放流		
			鱼苗放流	元/尾
			虾蟹放流	元/kg
			……	
6		拦鱼		
			拦鱼网	元/m²
			拦鱼电栅	元/m²
			……	
7		施工期应急救护		元/项
8		……		
四	库区消落带治理			
1		工程措施		
			土方开挖	元/m³
			石方开挖	元/m³
			土石方回填	元/m³
			模板	元/m²
			混凝土	元/m³

序号	一级项目	二级项目	三级项目	技术经济指标
			钢筋	元/t
			砌石	元/m^3
			锚杆（索）	元/根
			施工安全生产	元/项
			……	
2		植物措施		
			植树	元/株
			……	
五	湿地保护			
1		工程措施		
			土方开挖	元/m^3
			土方回填	元/m^3
			生态补水渠（管）道	元/km
			生态补水闸	元/t（m^2）
			施工安全生产	元/项
			……	
2		生物措施		
			水生植物	元/m^2
			底栖动物	元/kg
			……	

第五节　大气环境保护

大气环境保护主要是指粉尘、废气和其他污染防治。

大气环境保护项目划分见表 3-4。

表 3-4　　　　　　大气环境保护项目划分表

序号	一级项目	二级项目	三级项目	技术经济指标
一	粉尘污染防治			
1		洒水降尘		元/m³
2		……		
二	废气污染防治			元/项
三	其他污染防治			
1		臭气污染防治		元/项
2		……		

第六节　声环境保护

声环境保护主要包括声源控制和敏感目标防护。

声环境保护项目划分见表 3-5。

表 3-5　　　　　　声环境保护项目划分表

序号	一级项目	二级项目	三级项目	技术经济指标
一	声源控制			
1		声屏障		元/m²
2		降噪植被		元/株
3		……		
二	敏感目标防护			
1		声屏障		元/m²
2		隔声窗		元/m²
3		……		

第七节 固体废物处置

固体废物处置包括工业固体废物、生活垃圾、建筑垃圾、危险废物等处置。

一、工业固体废物处置

工业固体废物处置包括工业固体废物贮存设施、外运处置等。

二、生活垃圾处置

生活垃圾处置包括设立垃圾桶、垃圾收集站等收集体系及外运处置等。

三、建筑垃圾处置

建筑垃圾处置包括建筑垃圾外运处置等。

四、危险废物处置

危险废物处置包括危险废物贮存设施、外运处置等。危险废物应交由取得相关许可的单位按照《危险废物焚烧污染控制标准》（GB 18484）、《危险废物存贮污染控制标准》（GB 18597）、《危险废物填埋污染控制标准》（GB 18598）等要求进行处置。

固体废物处置项目划分见表3-6。

表 3-6　　　　　　固体废物处置项目划分表

序号	一级项目	二级项目	三级项目	技术经济指标
一	工业固体废物处置			
1		贮存设施		元/m²

序号	一级项目	二级项目	三级项目	技术经济指标
2		外运处置		元/t
3		……		
二	生活垃圾处置			
1		垃圾桶		元/个
2		垃圾收集站		元/m^2
3		外运处置		元/t
4		……		
三	建筑垃圾处置			
1		外运处置		元/t
2		……		
四	危险废物处置			
1		贮存设施		元/m^2
2		外运处置		元/t
3		……		

第八节　土壤环境保护

土壤环境保护包括土地退化防治、土壤污染治理与修复和底泥污染防治。

一、土地退化防治

土地退化防治包括工程措施、生物措施、化学措施等。

二、土壤污染治理与修复

土壤污染治理与修复包括污染源治理、污染土壤修复等。

三、底泥污染防治

底泥污染防治包括底泥处置、资源化利用等。

土壤环境保护项目划分见表3-7。

表3-7 土壤环境保护项目划分表

序号	一级项目	二级项目	三级项目	技术经济指标
一	土地退化防治			
1		工程措施		
			土方开挖	元/m^3
			石方开挖	元/m^3
			模板	元/m^2
			混凝土	元/m^3
			砌石	元/m^3
			钢筋	元/t
			施工安全生产	元/项
2		生物措施		
			整地	元/m^2
			植物栽植	元/株
			……	
3		化学措施		
			土壤改良	元/m^2
4		……		
二	土壤污染治理与修复			

序号	一级项目	二级项目	三级项目	技术经济指标
1		污染源治理		元/项
2		污染土壤修复		元/m³
3		……		
三	底泥污染防治			
1		底泥处置		元/t
		资源化利用		元/t
2		……		

第九节 景 观 保 护

景观保护主要是指景观敏感区与重要景观资源保护。

景观保护项目划分见表3-8。

表3-8 景观保护项目划分表

序号	一级项目	二级项目	三级项目	技术经济指标
一	景观敏感区与重要景观资源保护			
1		景观植物栽植		元/株
2		……		

第十节 人群健康保护

人群健康保护包括检疫防疫、疾病防治和其他防治。检疫防疫主要针对施工人员。疾病防治主要包括血吸虫等自然疫源性传染病防治、介水传染病防治等。其他防治包括施工饮用水净化处理等。

人群健康保护项目划分见表 3 - 9。

表 3 - 9　　　　　　　　人群健康保护项目划分表

序号	一级项目	二级项目	三级项目	技术经济指标
一	检疫防疫			
1		施工区进场前一次性清理与消毒		元/m²
2		……		
二	疾病防治			
1		血吸虫等自然疫源性传染病防治		
			沉螺池	元/座
			查螺、灭螺	元/m²
			施工人员防护设备	元/人
			……	
2		介水传染病防治		
			施工人员防护设备	元/人
			……	
3		……		
三	其他防治			
1		施工饮用水净化处理		
			消毒药剂	kg/月
			……	
2		……		

第十一节　建设征地与移民安置环境保护

建设征地与移民安置环境保护包括移民安置区生活污水处理、生活垃圾处置和公路桥梁复（改）建环境保护、施工期环境保护等。

建设征地与移民安置环境保护项目划分见表 3－10。

表 3－10　　建设征地与移民安置环境保护项目划分表

序号	一级项目	二级项目	三级项目	技术经济指标
一	移民安置区生活污水处理			
1		污水处理工程		
2		污水管网工程		
3		人工湿地		
4		……		
二	移民安置区生活垃圾处置			
1		垃圾收集站		
2		……		
三	公路桥梁复（改）建环境保护			
1		突发水污染应急处置措施		
2		……		
四	施工期环境保护			
1		水环境保护		
2		大气环境保护		
3		声环境保护		

序号	一级项目	二级项目	三级项目	技术经济指标
4		固体废物处置		
5		……		
五	其他保护			

第十二节　环境监测与生态调查

　　环境监测与生态调查包括施工期监测与调查和运行期监测设备。施工期监测与调查包括施工废污水水质监测，地表水环境、地下水环境、环境空气、声环境、土壤环境质量监测，生态调查，人群健康监测，建设征地与移民安置环境监测与生态调查，环境保护设施试运行效果监测。运行期监测设备包括生态流量、水质、水温、地下水等自动监测设备。

　　环境监测与生态调查项目划分见表 3 - 11。

表 3 - 11　　　　　环境监测与生态调查项目划分表

序号	一级项目	二级项目	三级项目	技术经济指标
一	施工期监测与调查			
1		施工废污水水质监测		元/(点·年)
2		地表水环境质量监测		
			水质监测	元/(断面·次)
			水温监测	元/(断面·次)
3		地下水环境质量监测		

序号	一级项目	二级项目	三级项目	技术经济指标
			水位监测	元/(点·次)
			水质监测	元/(点·次)
4		环境空气质量监测		元/(点·次)
5		声环境质量监测		元/(点·次)
6		土壤环境质量监测		元/(点·次)
7		生态调查		
			陆生生态调查	元/期
			水生生态调查	元/期
8		人群健康监测		元/期
9		建设征地与移民安置环境监测与调查		
			施工废污水水质监测	元/(点·年)
			……	
10		环境保护设施试运行效果监测		
			鱼类增殖放流效果监测	元/期
			过鱼效果监测	元/期
			……	
二	运行期监测设备			
1		生态流量自动监控设施		
			监测监控设备	元/台

序号	一级项目	二级项目	三级项目	技术经济指标
			数据传输设备	元/台
			安装费	元/项
			主体工程施工期设施运行与维护	元/月
2		工程取水口饮用水水质自动监测设施		
			水质监测设备	元/台
			数据传输设备	元/台
			安装费	元/项
3		水质污染风险预警预报系统		元/项
4		水温自动监测设施		
			水温监测设备	元/台
			数据传输设备	元/台
			安装费	元/项
5		地下水自动监测设施		
			地下水监测设备	元/台
			数据传输设备	元/台
			安装费	元/项
			主体工程施工期设施运行与维护	元/月
6		……		

第十三节 独 立 费 用

独立费用包括环境管理费、环境监理费、生产准备费、环境影响评价费、环境保护验收费、科研勘测设计费及其他。环境保护科学研究试验费可根据需要列三级项目。

独立费用项目划分见表 3－12。

表 3－12　　　　　　　　独立费用项目划分表

序号	一级项目	二级项目	三级项目	备注
一	环境管理费			
二	环境监理费			
三	生产准备费			
四	环境影响评价费			
五	环境保护验收费			
六	科研勘测设计费			
1		环境保护科学研究试验费		
2		环境保护勘测设计费		
七	其他			按国家及地方规定需缴纳的各项税费；按有关要求需要开展环境影响后评价产生的费用以及环境风险防范应急预案费等

第四章 费 用 构 成

第一节 概   述

水利工程环境保护费用构成包括环境保护措施费、独立费用、基本预备费和环境影响补偿费。

环境保护措施费包括建筑工程费与植物工程费、设备及安装费、施工临时工程费、监测调查费、施工期设施运行与维护费。

独立费用由环境管理费、环境监理费、生产准备费、环境影响评价费、环境保护验收费、科研勘测设计费和其他等七项组成。

第二节 建筑工程费与植物工程费

建筑工程费与植物工程费由直接费、间接费、利润、材料补差和税金组成。

一、直接费

直接费指工程施工过程中消耗的用于形成工程实体的直接费用，以及完成工程项目施工发生的措施费用和设施费用。由基本直接费、其他直接费组成。

基本直接费包括人工费、材料费、施工机械使用费。

其他直接费包括冬雨季施工增加费、夜间施工增加费、特殊地区施工增加费、临时设施费和其他。

（一）基本直接费

1. 人工费

人工费指直接从事工程施工的生产工人开支的各项费用，内容包括：

（1）基本工资。由岗位工资和年应工作天数内非作业天数的工资组成。

1）岗位工资。指按照职工所在岗位确定的计时工资。

2）生产工人年应工作天数内非作业天数的工资，包括生产工人开会学习、培训期间的工资，调动工作、探亲、休假期间的工资，因气候影响的停工工资，女工哺乳期间的工资，病假在六个月以内的工资及产、婚、丧假期的工资。

（2）辅助工资。指在基本工资以外，以其他形式支付给生产工人的工资性收入，包括根据国家有关规定属于工资性质的各种津贴，主要包括艰苦边远地区津贴、施工津贴、夜餐津贴、节假日加班津贴等。

2. 材料费

材料费指用于工程项目上的消耗性材料、装置性材料和周转性材料摊销费。包括定额工作内容规定应计入的未计价材料费和计价材料费。

材料预算价格一般包括材料原价、运杂费、运输保险费和采购及保管费四项。

（1）材料原价。指材料指定交货地点的价格。

（2）运杂费。指材料从指定交货地点至工地分仓库或相当于工地分仓库（材料堆放场）所产生的全部费用。包括运输费、装卸费及其他杂费。

（3）运输保险费。指材料在运输途中的保险费。

（4）采购及保管费。指材料在采购、供应和保管过程中所发生的各项费用。主要包括材料的采购、供应和保管部门工作人员的基本工资、辅助工资、养老保险费、失业保险费、医疗保险费、工伤保险费、住房公积金、职工福利费、工会经费、职工教育经费、劳动保护费、办公费、差旅交通费及工具用具使用费；仓库、转运站等设施的检修费、固定资产折旧费、技术安全措施费；材料在运输、保管过程中发生的损耗等。

3. 施工机械使用费

施工机械使用费指消耗在建筑安装工程项目上的机械磨损、维修和动力燃料费用等。包括折旧费、修理及替换设备费、安装拆卸费、机上人工费和动力燃料费等。

（1）折旧费。指施工机械在规定使用年限内回收原值的台时折旧摊销费用。

（2）修理及替换设备费。

1）修理费指施工机械使用过程中，为了使机械保持正常功能而进行修理所需的摊销费用和机械正常运转及日常保养所需的润滑油料、擦拭用品的费用，以及保管机械所需的费用。

2）替换设备费指施工机械正常运转时所耗用的替换设备及随机使用的工具附具等摊销费用。

（3）安装拆卸费。指施工机械进出工地的安装、拆卸、试运转和场内转移及辅助设施的摊销费用。

（4）机上人工费。指施工机械使用时机上操作人员费用。

（5）动力燃料费。指施工机械正常运转时所耗用的电、水、风、油和煤等费用。

（二）其他直接费

1. 冬雨季施工增加费

冬雨季施工增加费指在冬雨季施工期间为保证工程质量所需增加的费用。包括增加施工工序，增设防雨、保温、排水等设施增耗的动力、燃料、材料以及因人工、机械效率降低而增加的费用。

2. 夜间施工增加费

夜间施工增加费指施工场地和公用施工道路的照明费用。

3. 特殊地区施工增加费

特殊地区施工增加费指在高海拔、原始森林、沙漠等特殊地区施工而增加的费用。

4. 临时设施费

临时设施费指施工企业为进行环境保护工程施工所必需的但又未被划入环境保护工程的临时建筑物、构筑物和各种临时设施的建设、维修、拆除、摊销等费用。

5. 其他

其他费用包括施工工具用具使用费、工程项目及设备仪表移交生产前的维护费、工程质量检测费、工程定位复测及施工控制网测设费、工程点交费、竣工场地清理费等。

二、间接费

间接费指施工企业为完成建筑工程与植物工程施工而组织生产与经营管理所发生的各项费用。间接费包括规费和企业管理费。

（一）规费

规费指政府和有关部门规定必须缴纳的费用。包括社会保险费和住房公积金。社会保险费包括基本养老保险费、基本医疗保险费、工伤保险费、失业保险费、生育保险费。

（二）企业管理费

企业管理费包括管理人员工资、差旅交通费、办公费、固定资产使用费、工具用具使用费、职工福利费、劳动保护费、工会经费、职工教育经费、保险费、财务费用、税金和其他。

三、利润

利润指按规定应计入建筑工程费与植物工程费中的利润。

四、材料补差

材料补差指根据主要材料消耗量、主要材料预算价格与材料基价之间的差值，计算的主要材料补差金额。材料基价是指计入基本直接费的主要材料的限制价格。

五、税金

税金指按规定应计入建筑工程费与植物工程费中的增值税销项税额。

第三节　设备及安装费

设备及安装费包括设备原价、运杂费、运输保险费、采购及保管费。

一、设备原价

（1）国产设备。其原价指出厂价。

（2）进口设备。以到岸价和进口征收的税金、手续费、商检税及港口费等各项费用之和为原价。

（3）大型设备运至工地后的拼装费用应包括在设备原价内。

二、运杂费

运杂费指设备由厂家运至工地现场所发生的运杂费用。包括运输费、装卸费、包装绑扎费、大型变压器充氮费及其他杂费。

三、运输保险费

运输保险费指设备在运输过程中的保险费。

四、采购及保管费

采购及保管费指设备的采购、保管过程中发生的各项费用。主要包括：

（1）采购保管部门工作人员的基本工资、辅助工资、养老保险费、失业保险费、医疗保险费、工伤保险费、住房公积金、职工福利费、工会经费、职工教育经费、劳动保护费、办公费、差旅交通费及工具用具使用费。

（2）仓库、转运站等设施的运行费、维修费、固定资产折旧费、技术安全措施费和设备的检验、试验费等。

第四节 施工临时工程费

施工临时工程费指为辅助建筑安装工程施工而必须修建的生产临时设施费。主要包括为环境保护工程建设服务的施工现场临时交通工程、导流工程、施工生产安全专项等费用，不包括计入工程部分施工临时工程的费用。

第五节 监测调查费

监测调查费指工程施工期间开展环境监测、生态调查所需的费用。主要包括：

（1）环境监测费。包括现场采样费、分析测试费、数据整编费等。

（2）生态调查费。包括现场调查（采样）费、分析测试费、数据整编分析费等。

第六节　施工期设施运行与维护费

施工期设施运行与维护费指水利工程建设期内环境保护设施运行与维护所需费用。包括人工费、消耗性材料费、动力燃料费、设施维护及管理费等。

第七节　独　立　费　用

独立费用由环境管理费、环境监理费、生产准备费、环境影响评价费、环境保护验收费、科研勘测设计费和其他等七项组成。

一、环境管理费

环境管理费指建设单位在工程项目筹建和建设期间进行环境保护管理工作所需的费用。包括工程从筹建到竣工期间所发生的各项有关环境保护的管理性费用和技术培训费用。

二、环境监理费

环境监理费指建设单位在工程建设过程中委托监理单位，对环境保护工程的质量、进度、资金和安全生产进行控制，完成施工环境监理所发生的全部费用。

三、生产准备费

生产准备费指水利建设项目的生产、管理单位为准备环境保护设施正常的运行或管理发生的费用。包括生产及管理单位提前进厂费、运行管理职工培训费、管理用具购置费、备品备件购置费、工器具购置费和联合试运转费。

四、环境影响评价费

环境影响评价费指编制环境影响评价文件所需的费用和为评价提供技术支持的监测、调查和专题研究费。

五、环境保护验收费

环境保护验收费指按照相关规定编制建设项目竣工环境保护设施验收报告所需的费用。包括为验收提供技术支撑的调查、监测等费用。

六、科研勘测设计费

科研勘测设计费指环境保护设计所需的科研、勘测和设计等费用。包括环境保护科学研究试验费和环境保护勘测设计费。

1. 环境保护科学研究试验费

环境保护科学研究试验费指为保障环境保护工程质量和效果，解决环境保护重要的技术问题，进行必要的科学研究试验所需的费用。包括开展鱼类增殖放流关键技术研究、过鱼设施关键技术研究、珍稀濒危动植物保护关键技术研究、生态调度方案研究等重大生态环境保护技术研究的专项费用。

2. 环境保护勘测设计费

环境保护勘测设计费指项目建议书、可行性研究、初步设计、招标设计和施工图设计阶段的环境保护勘测设计费和为设计服务的常规试验费。

七、其他

其他费用包括按国家及地方规定需缴纳的各项税费、按有关要求需要开展环境影响后评价产生的费用等。环境影响后评价费指编制环境影响后评价文件所需的费用和为后评价提供技术支持的跟踪监测、调查和专题研究费。

第八节　基本预备费

基本预备费主要指为解决在工程建设过程中环境保护设计变更和有关环境保护技术标准调整而增加的投资以及一般自然灾害和其他不确定因素可能造成环境事故而采取的措施费用。

第九节　环境影响补偿费

环境影响补偿费指因工程对重要环境保护对象造成不利影响而采取的资金补充、实物补偿、工程补偿等补偿费用。

第五章　编制方法及计算标准

第一节　单价分析

一、基础单价

（一）人工预算单价

人工预算单价采用工程部分人工预算单价。

（二）材料预算价格

材料预算价格采用工程部分材料预算价格。对于工程部分未列的材料预算价格，可执行工程所在地地方政府主管部门发布的各种材料预算价格或工地结算价、市场价格、信息价格。

（三）施工用电、水、风预算价格

施工用电、水、风预算价格采用工程部分施工用电、水、风预算价格。

（四）施工机械使用费

施工机械使用费应根据《水利工程施工机械台时费定额》及有关规定计算。对于定额缺项的施工机械，可补充编制台时费定额。

二、建筑、安装工程单价编制

（一）建筑、安装工程单价

1. 直接费

（1）基本直接费。

人工费＝定额劳动量（工时）×人工预算单价（元/工时）

材料费＝定额材料用量×材料预算单价

施工机械使用费＝定额机械使用量（台时）×施工机械台时费（元/台时）

（2）其他直接费。

其他直接费＝基本直接费×其他直接费费率之和

2. 间接费

间接费＝直接费×间接费费率

3. 利润

利润＝（直接费＋间接费）×利润率

4. 材料补差

材料补差＝（材料预算价格－材料基价）×材料消耗量

5. 未计价装置性材料费

未计价装置性材料费＝未计价装置性材料用量×材料预算价格

6. 税金

建筑工程税金＝（直接费＋间接费＋利润＋材料补差）×税率

安装工程税金＝（直接费＋间接费＋利润＋材料补差＋未计价装置性材料费）×税率

7. 建筑工程单价

建筑工程单价＝直接费＋间接费＋利润＋材料补差＋税金

8. 安装工程单价

安装工程单价＝直接费＋间接费＋利润＋材料补差＋未计价装置性材料费＋税金

（二）其他直接费

1. 冬雨季施工增加费

冬雨季施工增加费根据不同地区，按基本直接费的百分率计算，百分率取值与工程部分一致。

2. 夜间施工增加费

夜间施工增加费按基本直接费的百分率计算，百分率取值与工程部分一致。

3. 特殊地区施工增加费

特殊地区施工增加费应按工程所在地区规定的标准计算，地方有关部门没有规定的不得计算此项费用。计算应与工程部分一致。

4. 临时设施费

临时设施费按基本直接费的百分率计算，百分率取值与工程部分一致。

5. 其他费用

其他费用按基本直接费的百分率计算，百分率取值与工程部分一致。

（三）间接费

间接费应按直接费乘以间接费费率计算，费率与工程部分一致。

（四）利润

利润按直接费和间接费之和的百分率计算，费率与工程部分一致。

三、项目单价编制

对建筑、安装工程之外的项目单价，可按国家或地方有关部门规定的取费标准进行计算；无取费标准的，可参照类似工程相应单价或专门测算确定。

第二节　环境保护措施概算编制

环境保护措施概算应对项目划分表中的一至十一项分别进行计算，各项组成中的建筑工程费与植物工程费、设备及安装费、施工临时工程费、监测调查费、施工期设施运行与维护费按以下方法进行计算。

一、建筑工程费与植物工程费

（1）建筑工程与植物工程概算按设计工程量乘以工程单价（或项目单价）进行编制。

（2）苗木、草、种子、鱼苗等单价按当地的市场价格和国家（行业）、地方（省级）相关工程定额以及相应的取费标准编制分析计算。

（3）建筑工程量与植物工程量应按项目划分要求计算到三级项目。

二、设备及安装费

设备及安装费应根据设备工程量乘以工程单价计算。工程单价包括仪器设备原价、运杂费、运输保险费、采购及保管费、设备安装单价。设备安装单价同工程部分，在定额缺项的情况下，可根据设计参数、类似工程资料分析，按安装费费率计算。

三、施工临时工程费

施工交通工程、导流工程概算按设计工程量乘以工程单价进行编制。施工安全生产专项费按照建筑工程费与植物工程费、设备及安装费之和的百分率计算，百分率取值与工程部分一致。

四、监测调查费

监测调查费可按环境保护设计确定的施工期环境监测及生态调查、检疫防疫工作量和国家或省（自治区、直辖市）有关部门规定的收费标准计算。对建设监测设施的项目，应计算监测设施费用，监测设施费用应按设计工程量乘以工程单价或工程造价指标进行计算。

五、施工期设施运行与维护费

按人工费、消耗性材料费、动力燃料费、设施维护及管理费等项目和实际资料分析计算。

第三节 独立费用

一、环境管理费

环境管理费按环境保护措施费的百分率计算。费率按 3％～6％计。枢纽、引水工程取高值，河道工程取低值。

二、环境监理费

环境监理费参照国家发展改革委、原建设部发改价格〔2007〕670 号文颁布的《建设工程监理与相关服务收费管理规定》及其他相关规定执行。

三、生产准备费

生产准备费按环境保护措施费的百分率计算。费率按 0.5％～1％计。枢纽、引水工程取高值，河道工程取低值。

四、环境影响评价费

编制环境影响评价文件（包括为评价提供技术支持的监测、调查和专题研究）所需的费用参照国家有关规定按实际需要计算或按市场调节价计列。

五、环境保护验收费

按实际需要计列。可参考原环境保护部环办环评〔2016〕16号文颁布的《关于环境保护部委托编制竣工环境保护验收调查报告和验收监测报告有关事项的通知》中的业务经费测算参考标准。

六、科研勘测设计费

1. 环境保护科学研究试验费

对有重大环境保护技术问题的水利水电工程，可根据研究复杂程度和工作量，按实际需要计列费用。

2. 环境保护勘测设计费

环境保护勘测设计费指项目建议书、可行性研究、初步设计、招标设计和施工图设计阶段的环境保护勘测设计费。

项目建议书、可行性研究阶段的勘测设计费及报告编制费参照国家发展改革委、原建设部发改价格〔2006〕1352号文颁布的《水利、水电、电力建设项目前期工作工程勘察收费暂行规定》和原国家计委计价格〔1999〕1283号文颁布的《建设项目前期工作咨询收费暂行规定》计算。

初步设计、招标设计及施工图设计阶段的勘测设计费参照原国家计委、建设部计价格〔2002〕10号文颁布的《工程勘察设计收费管理规定》计算。

应根据所完成的相应勘测设计工作阶段确定环境保护勘测设计费，未发生的工作阶段不计相应阶段勘测设计费。

七、其他

环境影响后评价费根据编制环境影响后评价文件、开展跟踪监测、调查和专题研究等工作量，按实际需要计列。

第四节 总概算编制

一、基本预备费

按环境保护措施费和独立费用之和的百分率计算。百分率取值与工程部分一致。

二、环境影响补偿费

根据影响范围及程度、生态价值损失、重建工程量等分析计算。

三、静态投资

环境保护措施费、独立费用、基本预备费和环境影响补偿费之和为环境保护静态投资。

四、分年度投资

应根据环境保护工程实施进度计划安排编制分年度投资。环境保护措施费按三级项目各年度完成的投资比例计算。独立费用根据费用的性质、发生的先后以及施工时段的关系，按相应施工年度分别计算。

第六章　概　算　表　格

第一节　概　算　表

一、环境保护投资概算总表

格式参见表一，可根据环境保护工程情况进行调整，应列示各项费用及其占环境保护投资的比例。

表一　　　　　　　　环境保护投资概算总表　　　　单位：万元

编号	工程或费用名称	建筑工程费与植物工程费	设备及安装费	施工临时工程费	监测调查费	施工期设施运行与维护费	独立费用	合计	所占比例（％）
一	环境保护措施投资								
1	生态流量保障								
2	水环境保护								
3	生态环境保护								
4	大气环境保护								
5	声环境保护								
6	固体废物处置								
7	土壤环境保护								
8	景观保护								
9	人群健康保护								

编号	工程或费用名称	建筑工程费与植物工程费	设备及安装费	施工临时工程费	监测调查费	施工期设施运行与维护费	独立费用	合计	所占比例（%）
10	建设征地与移民安置环境保护								
11	环境监测与生态调查								
二	独立费用								
	一、二项合计								
三	基本预备费								
四	环境影响补偿费								
	环境保护静态投资								

注 工程部分组成复杂时可按枢纽、引水、河道等工程性质分类汇总投资。

二、各项环境保护措施投资概算表

格式参见表二，可根据环境保护措施进行增减，视不同情况按项目划分列至三级项目。

表二　　　　　　环境保护措施投资概算表

_____措施投资概算表

编号	工程或费用名称	单位	数量	单价（元）	合计（万元）

三、独立费用概算表

格式参见表三。

表三 独立费用概算表

编号	工程或费用名称	单位	数量	单价（元）	合计（万元）

四、分年度投资表

格式参见表四，应列示建设工期内各年度投资，可视情况分列至一级或二级项目。

表四 分年度投资表

编号	工程或费用名称	合计（万元）	建设工期（年）					
			1	2	3	4	5	……
一	环境保护措施投资							
1	生态流量保障							
2	水环境保护							
3	生态环境保护							
4	大气环境保护							
5	声环境保护							
6	固体废物处置							
7	土壤环境保护							
8	景观保护							
9	人群健康保护							
10	建设征地与移民安置环境保护							
11	环境监测与生态调查							
二	独立费用							
三	基本预备费							
四	环境影响补偿费							
	环境保护静态投资							

第二节　概算附表

一、建筑工程与植物工程主要单价汇总表

格式参见附表一。

附表一　　　　建筑工程与植物工程主要单价汇总表

序号	工程名称	单位	单价（元）	其中							
				人工费	材料费	施工机械使用费	其他直接费	间接费	利润	材料补差	税金

二、安装工程主要单价汇总表

格式参见附表二。

附表二　　　　　　安装工程主要单价汇总表

序号	工程名称	单位	单价（元）	其中							
				人工费	材料费	施工机械使用费	其他直接费	间接费	利润	材料补差	未计价装置性材料费	税金

三、监测调查主要单价汇总表

格式参见附表三。

附表三　　　　　　　　监测调查主要单价汇总表

序号	项目名称	单位	单价（元）	取费依据及计算说明

四、施工期设施运行与维护费汇总表

格式参见附表四。

附表四　　　　　　　施工期设施运行与维护费汇总表

序号	名称及规格	台时费（元）	其　　中			
			消耗性材料费	设施维护及管理费	人工费	动力燃料费

五、主要材料预算价格汇总表

格式参见附表五。

附表五　　　　　　　　主要材料预算价格汇总表

序号	名称及规格	单位	预算价格（元）	其　　中			
				原价	运杂费	运输保险费	采购与保管费

六、施工机械台时费汇总表

格式参见附件表六。

附表六　　　　　　　　施工机械台时费汇总表

序号	名称及规格	台时费（元）	其　　中				
			折旧费	修理及替换设备费	安装拆卸费	机上人工费	动力燃料费

七、主要工程量（工作量）汇总表

格式参见附表七。

附表七　　　　　　主要工程量（工作量）汇总表

序号	项目名称	土石方明挖（m³）	石方洞挖（m³）	土石方填筑（m³）	混凝土（m³）	模板（m²）	钢筋（t）

注　表中统计的项目类别可根据工程实际情况调整。

八、主要材料量汇总表

格式参见附表八。

附表八　　　　　　主要材料量汇总表

序号	项目名称	水泥（t）	钢筋（t）	木材（m³）	炸药（kg）	柴油（t）	苗木（株）	草（m²）	种子（kg）	鱼苗（kg）

注　表中统计的材料种类可根据工程实际情况调整。

第三节　概算附件附表

一、人工预算单价计算表

格式参见附件表一。

附件表一　　　　　　人工预算单价计算表

地区类别：		定额基本工资：	
序号	项目	计算公式	单价（元）
1	人工工日预算单价		
2	人工工时预算单价		

二、 主要材料预算价格计算表

格式参见附件表二。

附件表二　　　　　　　　**主要材料预算价格计算表**

编号	名称及规格	单位	原价依据	单位毛重（t）	每吨运费（元）	价格（元）				
						原价	运杂费	采购及保管费	运输保险费	预算价格

三、 混凝土材料单价计算表

格式参见附件表三。

附件表三　　　　　　　**混凝土材料单价计算表**

编号	名称及规格	单位	预算量	调整系数	单价（元）	合价（元）

注　1. "名称及规格" 栏应标明混凝土或砂浆的标号及级配、水泥强度等级等。
　　2. "调整系数" 为卵石换碎石、粗砂换中细砂及其他调整配合比材料用量系数。

四、 主要工程单价表

格式参见附件表四。

附件表四　　　　　　　　**主 要 工 程 单 价 表**

定额编号			定额单位	
施工方法				
序号	工程名称	单位	数量	单价（元）	合价（元）

注　"施工方法" 栏填写主要施工方法，土或岩石类别、级别、运距等，设备、材料等规格型号、安装方法等。

第四节　环境保护投资对比分析说明附表

格式参见附表一。可根据工程情况进行调整，视不同情况按项目划分列至一级或二级项目，并在备注栏说明变化原因。

附表一　　　　　　　　**环境保护投资对比表**　　　　单位：万元

编号	工程或费用名称	可行性研究阶段投资	初步设计阶段投资	增减额度	增减幅度（％）	备注
（1）	（2）	（3）	（4）	（4）－（3）	［（4）－（3）］/（3）	
一	环境保护措施费					
1	生态流量保障					
2	水环境保护					
3	生态环境保护					
4	大气环境保护					
5	声环境保护					
6	固体废物处置					
7	土壤环境保护					
8	景观保护					
9	人群健康保护					
10	建设征地与移民安置环境保护					
11	环境监测与生态调查					
二	独立费用					
三	基本预备费					
四	环境影响补偿费					
	环境保护静态投资					

一 投资估算

第七章 投 资 估 算 编 制

项目建议书、可行性研究投资估算与初步设计概算在组成内容、项目划分和费用构成上基本相同，仅设计深度不同。在编制项目建议书、可行性研究投资估算时，对项目划分、组成内容和费用构成，可适当简化合并或调整。

可行性研究投资估算的编制方法及计算标准如下：

（1）基础单价的编制与概算相同。

（2）工程单价的编制与概算相同，考虑投资估算工作深度和精度，应乘以扩大系数。扩大系数取 10%。

（3）各部分投资编制方法及标准与概算相同。

（4）基本预备费应采用与工程部分一致的费率标准。

（5）投资估算表格与概算表格相同。